BEI GRIN MACHT SICH IHR WISSEN BEZAHLT

- Wir veröffentlichen Ihre Hausarbeit, Bachelor- und Masterarbeit

- Ihr eigenes eBook und Buch - weltweit in allen wichtigen Shops

- Verdienen Sie an jedem Verkauf

Jetzt bei www.GRIN.com hochladen und kostenlos publizieren

Linda Liebl

Der Graf-Adolf-Platz - ein werkästhetisches Konstrukt?

GRIN Verlag

Bibliografische Information der Deutschen Nationalbibliothek:

Die Deutsche Bibliothek verzeichnet diese Publikation in der Deutschen National-
bibliografie; detaillierte bibliografische Daten sind im Internet über http://dnb.d-
nb.de/ abrufbar.

Impressum:

Copyright © 2007 GRIN Verlag GmbH
Druck und Bindung: Books on Demand GmbH, Norderstedt Germany
ISBN: 978-3-640-26559-6

Dieses Buch bei GRIN:

http://www.grin.com/de/e-book/122069/der-graf-adolf-platz-ein-werkaesthetisches-
konstrukt

Leibniz Universität Hannover, Fachbereich Architektur und
Landschaft, Fachgruppe Landschaft,
Institut für Freiraumentwicklung

Der Graf-Adolf-Platz –

ein werkästhetisches Konstrukt?

Bearbeiterin: Linda Liebl

Seminar *Rezeptionsästhetik* im SS 2007

Inhalt

1. Lage und Bedeutung in der Stadt 3

2. Geschichte des Platzes 3

3. Umgestaltung des Platzes 4
    3.1 Aktion Platzda!.. 5
    3.2 Beschreibung der neuen Gestaltung durch die Landschaftsarchitekten WES & Partner 6
    3.3 Gestaltungsziele und deren Umsetzung 8

Exkurs: Werkästhetik und Rezeptionsästhetik 9

4. Eigene Einschätzung des Platzes 10

5. Bürgerbefragung auf dem Graf-Adolf-Platz 10

6. Fazit 19

7. Quellenverzeichnis 20
    7.1 Literaturverzeichnis 20
    7.2 Abbildungsverzeichnis 21

8. Anhang: Fragebogen 22

1. Lage und Bedeutung in der Stadt

Der Graf-Adolf-Platz befindet sich inmitten der Düsseldorfer Innenstadt und bildet den Übergang des Stadtteils Karlstadt zu den Stadtteilen Friedrichstadt und Stadtmitte (KOLKAU 2007: 11). Durch seine zentrale Lage stellt er einen wesentlichen Verkehrsknotenpunkt sowohl für den PKW- als auch für den Bus- und Bahnverkehr dar. Auf dem Platz kreuzen sich Straßenbahnlinien und werden über Haltestellen miteinander verknüpft, so dass sich eine wichtige Knotenpunktfunktion für den Personennahverkehr ergibt (STADTPLANUNGSAMT DÜSSELDORF 2003a: 4). Fast alle Straßen, die den Stadtplatz kreuzen, sind Hauptverkehrsstraßen mit wesentlicher Funktion für das innerstädtische Verkehrsnetz, weil sie die Innenstadt mit der Rheinkniebrücke und dem Rheinufertunnel verbinden (STADTPLANGSAMT DÜSSELDORF 2003b: 1). Die Bebauung ist durch kerntypische bauliche Nutzung wie Hotels, Geschäftshäuser und zentrale Einrichtungen geprägt (STADTPLAUNGSAMT DÜS-SELDORF 2003b: 1).

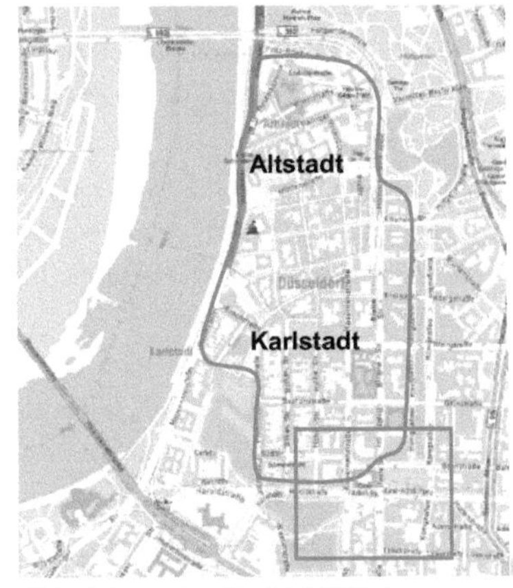

Abb. 1: Lage des Graf-Adolf-Platzes

Der Stadtplatz ist ein wesentlicher Bestandteil des historischen „Grünen Kranzes" (angelegt von Weyhe und Vagedes), der entlang der historischen Stadtgrenze des frühen 19. Jahrhunderts um die Altstadt und Karstadt (s. Abb. 1) herumführt (STADTPLANUNGS-AMT DÜSSELDORF 2003a: 4). Dies ist bedingt durch

Abb. 2: Stadtkarte Graf-Adolf-Platz

die Lage zwischen Kö-Graben, der nordöstlich anschließt, und der Parkanlage um den Schwanenspiegel mit der Ständehausanlage, welche südwestlich in die Fläche übergeht. Die Grünflächen des Graf-Adolf-Platzes sind als Bestandteil des Baudenkmals Königsallee seit 1994 ebenso wie die Parkanlage um den Schwanenspiegel herum denkmalrechtlich geschützt (STADTPLANUNGSAMT DÜSSELDORF 2003a: 4).

2. Geschichte des Platzes

Bis Ende des 18. Jahrhunderts war das Gebiet des heutigen Graf-Adolf-Platzes Teil der historischen Stadtbefestigung. Erst als Anfang des 19. Jahrhunderts die Festungsanlagen geschleift wurden, konnte an dieser Stelle der Stadtplatz entstehen. Es wurden *„großzügige Alleen und Parks (...) angelegt"* (KOLKAU 2007: 11) und Maximilian Friedrich Weyhe hat den

Abb. 3 u. 4: Die Ballwerferin 1902 und heute

„Grünen Kranz" geplant, von dem der Graf-Adolf Platz ein Teil war (KOLKAU 2007: 11).

1891 konnte der Platz nach Süden hin erweitert werden, da der damalige Zentralbahnhof verlegt wurde. Im selben Jahr wurde dem Platz zu Ehren von Graf Adolf v. Berg, dem Gründer Düsseldorfs, sein Name gegeben. Diese Namensgebung weist auf eine gewisse Wichtigkeit des Platzes schon im 19. Jahrhundert hin.

1902 wurde am südlichen Ende der Königsallee – am östlichen Platzrand – ein kleiner botanischer Garten angelegt mit der berühmten Statue der Ballwerferin (s. Abb. 3 u. 4).

Schon 1910 fuhren auf dem Platz viele Pferde- und Benzinkutschen, obwohl die angrenzende Graf-Adolf-Straße noch recht schmal und begrünt war. Bis 1926 hat sich der Platz zu einem Verkehrsknotenpunkt entwickelt, vor allem die Straßenbahnen fuhren von hieraus bereits nach Duisburg, Moers und über den Rhein nach Krefeld (GESCHICHTSWERKSTATT DÜSSELDORF 2004).

Von 1933 bis 1945 bekam der Platz den Namen „Adolf-Hitler-Platz". Doch auch diese „patriotische" Namensänderung konnte den Platz nicht vor den feindlichen Bomben schützen. *„Schon im September 1942 wurde dieser Teil Düsseldorfs durch Luftangriffe stark mitgenommen und die Bebauung der Jahrhundertwende weitgehend zerstört."* (STADT-ARCHIV DÜSSELDORF) Der Wiederaufbau in den 50er und 60er Jahren brachte Häuser mit acht bis zehn Stockwerken hervor. Auf dem Platz wurde ein Straßenbahnhof gebaut, der später durch eine konventionelle Grünanlage ersetzt wurde (KOLKAU 2007: 11). Diese Grünanlage wurde immer mehr vernachlässigt und 2002 dann von den Landschaftsarchitekten WES & Partner aus Hamburg umgestaltet.

Abb. 5: Der Graf-Adolf-Platz 1910

Abb. 6: Zerstörung 1945

3. Umgestaltung des Platzes

2005 wurde ein Wettbewerb zur Bebauung des Grundstücks Graf-Adolf-Platz 15 ausgeschrieben, in dem die Gestaltung des gesamten Platzes zur Aufgabe gestellt wurde. Der Platz bildet ein wichtiges Bindeglied zwischen Kö-Graben und Schwanenspiegel mit der Ständehausanlage und sollte als solche wiedererlebbar gemacht werden. Durch den Bau eines hochwertig genutzten Hochhauses mit unterirdischen Stellplatz-

Abb. 7: Kö-Graben

angeboten bot sich eine Chance, auch die Aufenthaltsqualität des Platzes zu verbessern. Der Verkehr konnte neu geordnet werden, einerseits durch das Parkhaus und andererseits durch den geplanten Bau einer U-Bahn (Wehrhahnlinie), so dass insgesamt mehr Fläche mit Freiraumfunktion gewonnen werden konnten (STADT-PLANUNGSAMT DÜSSELDORF 2003b: 2). Wegen ihrer wichtigen Lage in der Stadt sollte die Grünanlage zu einem repräsentativen Vorplatz und öffentlichen Park des GAP 15 Hochhauses umgestaltet werden (KOLKAU 2007: 11).

Abb. 8: Schwanenspiegel

Im Bebauungsplan war für diese Fläche eine „Öffentliche Grünfläche" mit der Zweckbestimmung „Historische Grünverbindung" und „Historische Parkanlage" vorgesehen. Diese Festsetzung dient als Flächensicherung und Grundlage einer Neugestaltung. Weiterhin sah der Bebauungsplan einen Rückbau der Verkehrsflächen und eine Verdeutlichung der stadträumlichen Zusammenhänge und denkmalpflegerischen Bedeutung vor (STADTPLANUNGSAMT DÜSSELDORF 2003a: 9).

3.1 Aktion Platzda!

PLATZDA! steht für die Neugestaltung der Düsseldorfer Plätze und ist eine Initiative des Stadtplanungsamtes Düsseldorf. Im Rahmen dieser Initiative begleitet das Stadtplanungsamt interdisziplinäre Planungsprozesse und hilft bei der öffentlichen Diskussion. Die Ziele dieser Aktion sind es, das öffentliche Bewusstsein für Plätze zu schärfen und eine höhere Akzeptanz von Planungen bei der Bevölkerung zu erzielen, indem diese frühzeitig in die Planungsprozesse einbezogen wird und ihre Wünsche zur jeweiligen Gestaltung äußern darf. Außerdem versucht die Aktion die Düsseldorfer Plätze im Zusammenhang zu sehen und ein gesamtheitliches Stadtbild zu schaffen. Übergeordnete Handlungskonzepte sollen eine einheitliche Formensprache, Aufenthalts- und Gestaltsqualität der Stadtplätze in Düsseldorf sicherstellen.

Zu der Gestaltung von Stadtplätzen allgemein wurde eine Ideenbörse veranstaltet, in der die Bevölkerung eine Formulierung gewünschter Verbesserungen erarbeiten konnte. Dabei haben sich die folgenden 7 Punkte als wichtigste Änderungsvorschläge herauskristallisiert:

Es wird eine Einschränkung des **Verkehr**s und die Befreiung der Stadtplätze aus ihrer Insellage inmitten von Verkehrsflächen gefordert.

Stattdessen wird mehr **Grün**, d.h. Bäume, Sträucher und sogar Liege- und Blumenwiesen gewünscht.

Damit die Plätze belebter werden, sollen kleine **Geschäfte** sowie Gastronomie am Rande der Flächen angesiedelt werden.

Auch **zusätzliche Angebote** wie Trinkwasserbrunnen und Toiletten sind gewünscht. Wiederholt wird auch die **Sauberkeit und Pflege** der Plätze diskutiert, die auch die Pflege der angrenzenden Hauswände mit einschließt.

Um die Stadtplätze nutzbarer und angenehmer zu gestalten, wünschen sich viele Bürger mehr **Sitzgelegenheiten** und eine unauffällige Gestaltung von unschönen Gegenständen wie z.B.

Müllcontainern. Nicht zuletzt ist es vielen Leuten wichtig, dass die Plätze wieder Orte zur Kommunikation werden, an denen der Mensch im Mittelpunkt steht.

Insgesamt soll der Platz eine **bessere Lebensqualität** bekommen, dazu gehört auch eine gute Rad- und Fußweganbindung, wenig Lärm- und Geruchsbeeinträchtigungen und mehr Platz zum Spielen.

Zum Graf-Adolf-Platz wurde explizit der Wunsch nach mehr Grünflächen und Bäumen geäußert, sowie eine Nutzung von Teilen des Platzes durch Gastronomie und einen Biergarten, um den Ort zu beleben (STADTPLANUNGSAMT DÜSSELDORF 2002).

3.2 Beschreibung der neuen Gestaltung durch die Landschaftsarchitekten WES & Partner

Durch die Verkehrssituation am Graf-Adolf-Platz ergeben sich drei einzelne Platzflächen, die durch Straßen voneinander getrennt sind. Auf der nordwestlichen Fläche befindet sich das ovale GAP 15

Hochhaus und ein Teil des alten Postgebäudes. Auf der östlichen Teilfläche befindet sich eine parkähnliche Gestaltung sowie der historische botanische Garten mit der Ballwerferin. Die Planung für den südlichen Platzteil wird 2012 mit Bau der U-Bahn umgesetzt werden (STADTPLANUNGSAMT DÜSSELDORF).

Das Hochhaus auf dem nordwestlichen Platzteil ist ein 90 m hohes Bürogebäude. Es lässt sich als „gläsernes Ellipsoid" (KOLKAU 2007: 12) beschreiben. Es ist ein schlanker Turm, der nachts durch lineare Fassaden-beleuchtung inszeniert wird. Über ein Glasdach mit einer öffentlichen Passage wird der gläserne Bau mit einem kleineren rechteckigen Gebäude im Norden verbunden. Dieses ist dem ehemaligen Gebäude der Deutschen Bundespost von 1921 nachempfunden. Die nördliche Fassade des Gebäudes ist ein Original, da sie unter Denkmalschutz steht.

Abb. 9: GAP 15 Hochhaus

Im Erdgeschoss des Hochhauses ist ein Restaurant untergebracht, welches auf dem Platz einen Außensitzbereich hat. Am Fuß des GAP Hochhauses steht eine Gruppe von Steinsesseln und Steinquadern, welche als Tische dienen sollen. Dieses Ensemble befindet sich in direkter Nachbarschaft zur viel befahrenen Graf-Adolf-Straße. Auf dem Vorplatz des Hochhauses stehen außerdem vereinzelte lange weiße Polyacrylquader, die ebenfalls als Sitzmöglichkeiten

Abb. 10: Steinsessel

dienen. Gleichzeitig stellen sie des Nachts große Leuchtobjekte dar, die die Verbindung zum östlichen Platzteil erkennen lassen.

Diese Fläche ist ein kleiner Park mit großen Rasenflächen und vereinzelten großen Bäumen. Durch diese Rasenflächen verlaufen *„Wegeachsen, die das Gelände [diagonal über den Platz,] ganz dem* *natürlichen Abkürzungsimpuls des Fußgängers folgend durchschneiden und für den Eiligen die schnellste Verbindung zwischen Königsallee, Graf-Adolf-Straße und Schwanenspiegel darstellen"* (KOLKAU 2007: 12).

Die Polyacrylbänke folgen den Wegen als langgestreckte Leuchtbänder über den gesamten Platz. Von der Aktion PLATZDA! wird das entstehende Phänomen als „Lichtmikado" bezeichnet (RP-Online 2007). Zusätzlich zu den Leuchtbänken werden die Bäume mit akzentuierendem Vertikallicht beleuchtet. Durch die lichte Bepflanzung kann das Straßenlicht mit in das Beleuchtungskonzept einbezogen werden, so dass eine weitere Beleuchtung des Platzes nicht nötig ist.

Die Wege sind mit hellem Material gepflastert, ab und zu durch Natursteinstreifen durchbrochen, die auf das GAP Hochhaus zulaufen und sich an dessen Fuß in Form von Edelstahlstreifen fortsetzen. Teilweise weiten sich die Wege zu kleinen Plätzen auf, so dass neue Nischen entstehen und die lineare Struktur ein wenig aufgelockert wird.

Abb. 11: Der Park bei Nacht

Die Grünflächen an sich sind durch farbbeschichteten Flachstahl um 30 cm von den Wegen aufgekantet. Viele der alten Bäume sind erhalten worden, während die Sträucher entfernt wurden, so dass der Stadtraum offen wirkt und neue Blickbeziehungen ermöglicht werden. Neben seltenen Baumarten stehen hier einige Platanen, die die Verbindung zur Königsallee herstellen.

Der denkmalgeschützte botanische Garten am östlichen Platzrand wurde nicht in die Umgestaltung einbezogen, sondern nur durch einige wenige pflegende Schnittmaßnahmen erhalten.

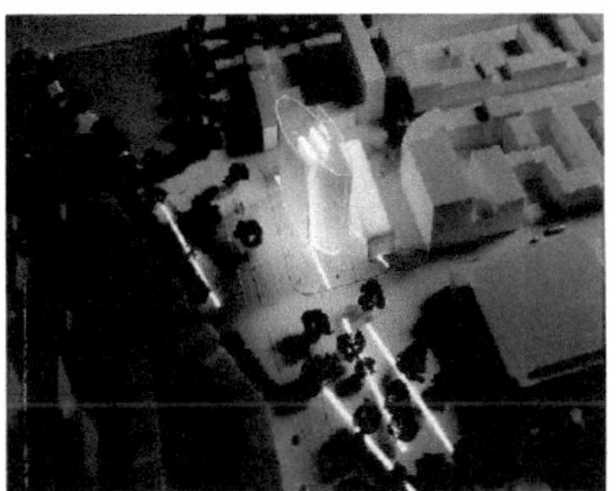

Abb. 12: Lichtmikado

Der südliche Platzteil wird noch von Straßen zerschnitten und bietet wenig Aufenthaltsqualität. Die Planung sieht jedoch vor, auch hier Leuchtbänke aufzustellen, die die Verbindung zu der restlichen Fläche verdeutlichen. Ein weiteres wichtiges Gestaltungselement besteht darin, am südlichen Platzrand eine durchgehende Baumreihe zu pflanzen und in Kastenform zu schneiden, um die südliche Stadtkante wieder erlebbar zu machen (STADTPLANUNGSAMT DÜSSELDORF).

Abb. 13: Stahlkante

3.3 Gestaltungsziele und deren Umsetzung

Der Platz sollte insgesamt repräsentativer gestaltet werden und mit einer höheren Aufenthaltsqualität ausgestattet werden. Eine der wichtigsten Maßnahmen war daher die Vergrößerung der Grünflächen durch den Rückbau der separaten Rechtsabbiegerspur von der Graf-Adolf-Straße in die Breite Straße (STADTPLANUNGSAMT DÜSSELDORF 2003a: 9). Auf diese Weise werden gestalterisch hochwertige Flächen für Fußgänger und Radfahrer angeboten und durch die nachbarschafts-verträgliche Gestaltung mit der gewachsenen Umgebung eine stadträumliche Verbindung geschaffen.

Die Landschaftsarchitekten WES & Partner haben sich bei ihrer Planung viele Wünsche der Bevölkerung zu Herzen genommen:

Der Platz wurde im Rahmen der Möglichkeiten aus seiner Insellage befreit, indem die Rechtsab-biegerspur zurückgebaut wurde. Allerdings konnte eine Dreiteilung des Platzes nicht vermieden werden. Um diese Teilung weniger relevant zu gestalten, wurden die Strecken der Verkehrsflächen kreuzenden Fußgänger und Radfahrer durch die Umordnung des Verkehrs auf die kleinst mögliche Distanz verkürzt.

Sie haben sich bemüht, einen ruhigen Platz mit einer hohen Aufenthaltsqualität zu schaffen. Am Rand der Fläche haben sie für kommerzielle Nutzungen Platz gelassen, indem der Bodenbelag bis zu den angrenzenden Häusern reicht. Auch das Restaurant mit Außensitzbereich sorgt gerade abends dafür, dass der Platz belebt ist.

Auch auf den Wunsch nach Sitzgelegenheiten sind die Landschaftsarchitekten eingegangen, indem sie Steinsesseln und Steintische sowie lange Kunststoffbänke auf dem Platz installiert haben.

Der Wunsch nach mehr Grün wurde interpretiert zu dem Wunsch nach hochwertigem und nutzbarem Grün. Der Platz war auch vor der Umgestaltung schon mit vielen Bäumen, Sträuchern und Rasenflächen bewachsen. Die Fläche war jedoch verwahrlost und bot eine sehr geringe Aufenthaltsqualität. Durch die Anlage der weiten Rasenflächen ohne Sträucher, nur bestanden mit vereinzelten Bäumen wird die Fläche strukturiert und übersichtlich, so dass sich keine Schmuddelecken oder Angsträume bilden können. Durch die lineare und minimalistische Struktur der Gestaltung wird außerdem der Pflegeaufwand minimiert, sowohl die Grünflächen als auch die Wege betreffend. Der Park hat dadurch eine recht große Chance, immer sauber und ordentlich zu wirken.

Zusätzlich zu der Berücksichtigung der Bevölkerungswünsche mussten bei der Gestaltung auch Vorgaben aus Bebauungs- und Flächennutzungsplan sowie Wünsche des Bauherrn berücksichtigt werden:

- **Eingliederung in den städtischen Kontext und Gewährleistung der historischen stadträumlichen Verbindung zur Königsallee und zum Schwanenspiegel** (STADTPLANUNGS-AMT DÜSSELDORF 2003b: 3; STADTPLANUNGSAMT DÜSSELDORF 2003a: 8).

Diese Vorgabe wurde durch verschieden Gestaltungselemente erfüllt. Durch die Entnahme der Sträucher und einiger Bäume wurde der Stadtraum geöffnet und wohltuende Blickbeziehungen von Königsallee zu Schwanenspiegel geschaffen. Der Platz wirkt weit und öffnet sich zum angrenzenden Stadtraum hin. Die Verbindung der drei Grünflächen (Kö-Graben, GAP und Schwanenspiegel) wird vor allem durch die markanten richtungsweisenden Kunststoffquader und die hellen Wege hergestellt, sowie durch die Bepflanzung mit Platanen auf allen drei Flächen. Um diese Verbindung auch Nachts erlebbar zu machen, dienen die Kunststoffquader als Leuchtelemente. Das Fehlen sonstiger Beleuchtung ermöglicht die Einbeziehung des Straßenlichtes der Umgebung in den Park und verstärkt gleichzeitig die Leuchtwirkung der Lichtbänke. Nur das GAP Hochhaus steht nachts wie auf einer Bühne durch die Bestrahlung des Platzteils mit Weißlicht im Gegensatz zur gelben Straßenbeleuchtung.

- **Entwicklung einer gleichermaßen ansprechend, imagebildend und nachbarschafts-verträglichen Gestaltung** (KOLKAU 2007: 12).

Dieser Forderung kamen die Landschaftsarchitekten WES & Partner nach, indem sie eine recht moderne Gestaltung mit hoher Aufenthaltsqualität geschaffen haben. Die Aufenthaltsqualität lässt sich als hoch bewerten, da es eine ausreichend große Grünfläche (mit ausreichender Entfernung zur Straße) und Sitzmöglichkeiten gibt. Außerdem besteht durch die Geradlinigkeit und Übersichtlichkeit keine Gefahr, dass sich Schmuddelecken bilden und der Park vernachlässigt wird.

Um die Besonderheit eines gepflegten Parks in der Stadt zu unterstreichen, wurden die Grünflächen mit Flachstahl aufgekantet. Diese Inszenierung des Grüns hat zwar die gewünschte Wirkung, die jedoch von der weniger positiven Nebenwirkung begleitet wird, dass die Grünflächen auf die Besucher unantastbar und nicht nutzbar wirken.

Exkurs: Werkästhetik und Rezeptionsästhetik

Beide, die Werk- und die Rezeptionsästhetik, beschäftigen sich mit der Schönheit von Kunstwerken. Jedoch betrachten sie das Kunstwerk aus unterschiedlichen Blickwinkeln. Die Werkästhetik treibt den objektivistischen Ansatz am weitesten, sie betrachtet nur das Objekt selbst, die ordnungsgemäße Ausführung, die Gestaltungsmerkmale. Sie vergleicht es mit anderen Kunstwerken gleicher Art, ordnet es einem Stil, einer Epoche zu und kommt zu einem absolut objektiven Urteil (TESSIN 2006: 29).

Die Rezeptionsästhetik hingegen beschäftigt sich in erster Linie damit, wie das Kunstwerk auf Laien wirkt. Diese Richtung versucht, die Wahrnehmung des Objekts durch das ganz alltägliche Publikum zu erfassen. In dem Zusammenhang interessiert auch, inwieweit es dem Publikum gefällt und was es im einzelnen ist, das gefällt (ebd.: 30).

Für die Werkästhetik ist die Meinung der Rezeptionsästhetik unwichtig. Das heißt, ein Kunstwerk kann durchaus als wertvoll bezeichnet werden, ohne dass es dem Publikum gefällt. Denn nach Meinung der Werkästhetik zählt ja nur der objektive Wert (ebd.).

Gerade in der Gartenkunst und Landschaftsarchitektur können sich durch diese Meinung große Konflikte ergeben. Es handelt sich um eine zum größten Teil öffentliche Kunst, wenn Parks und Stadtplätze gestaltet werden, die für die gesamte Bevölkerung zugänglich sind. Teilweise werden starke Proteste laut, wenn zu moderne Gestaltungen umgesetzt werden, ohne die Werkästhetik dadurch erschüttern zu können. Die modernen Kunstwerke werden fleißig in Fachzeitschriften diskutiert und nicht selten sehr gelobt.

4. Eigene Einschätzung des Platzes

Die Professur der Landschaftsarchitektur, die Werkästhetik, bewertet die Gestaltung von WES & Partner als *„positiv"* und *„Richtlinien liefernd"* (KOLKAU 2007: 14), wie Anette Kolkau in einem Artikel in der Fachzeitschrift *Garten + Landschaft* schreibt. Auch die lokale Presse äußert sich sehr lobend zum Projekt GAP 15 und nennt den Graf-Adolf-Platz einen *„städtebaulichen Glanzpunkt"* (RP[1]-ONLINE 2007). Diese Aussage stammt zwar aus einer Zeitung, ist aber sicher trotzdem werkästhetisch beeinflusst.

Ich gehe davon aus, dass die neue Gestaltung des Graf-Adolf-Platzes auch bei der Bevölkerung recht gut ankommt. Sie ist zwar im Gegensatz zu den umliegenden Grünflächen sehr modern und gradlinig, aber gleichzeitig gibt es auch keine Elemente, die sich so stark vom Gewohnten abheben würden, dass die Gestaltung als störend empfunden werden könnte. Die Platzgestaltung bildet ein stimmiges Ensemble zusammen mit dem neuen Hochhaus, da beides in sehr modernem Stil gebaut ist. Auch die Beleuchtungselemente führen zu einer sehr guten und offensichtlichen Verbindung der beiden Platzteile. Der dritte Teil wird sich nach Fertigstellung ebenfalls gut eingliedern. Ich könnte mir vorstellen, dass der Platz für viele Düsseldorfer in seinem städtebaulichen Zusammenhang eine willkommene Abwechslung ist. Er ist etwas moderner und daher „interessanter", gleichzeitig ist er grün und bietet Aufenthaltsqualitäten.

Andererseits denke ich nicht, dass der Platz eine Attraktivität in Düsseldorf werden könnte. Es gibt bereits viele sehr hochwertige Freiräume in unmittelbarer Umgebung, wie beispielsweise die Rheinpromenade, den Hofgarten und die Parkanlagen um den Schwanenspiegel. Der Graf-Adolf-Platz wird höchstens als ein Durchgangsort fungieren, auf dem sich die Passanten vielleicht mal zum Pausieren niederlassen, nicht jedoch als Ausflugsziel, an dem man sich entspannt und vielleicht sogar ein Picknick macht. Dies war jedoch auch sicherlich nicht das Ziel der Landschaftsarchitekten.

5. Bürgerbefragung auf dem Graf-Adolf-Platz

Am Samstag, den 26.05.2007 wurde eine Bürgerbefragung auf dem Graf-Adolf-Platz durchgeführt. Das Wetter war recht kühl und teilweise regnerisch. Es wurden insgesamt 40 Personen per Zufallsstichprobe zu ihrer Meinung über die Neugestaltung des Freiraums befragt. Es sollte herausgefunden werden, ob der Graf-Adolf-Platz rezeptionsästhetisch, also von der Bevölkerung, genauso positiv wahrgenommen wird wie die landschaftsplanerischen Experten ihn bewerten. Dazu wurden Fragen zur Aufenthaltsqualität und gezielte Fragen zu einzelnen Gestaltungselementen gestellt, um herauszufinden, wie diese von den Besuchern angenommen werden.

Im Folgenden werden die 14 Fragen vorgestellt und ausgewertet:

---

[1] Rheinische Post

Frage 1: Wie gefällt Ihnen der Graf-Adolf-Platz? Empfinden Sie ihn eher als angenehm oder eher als unangenehm?

Diese Frage sollte mit der Bewertung auf einer Skala von 1-5 bewertet werden, wobei 1 gleich sehr angenehm und 5 gleich sehr unangenehm gewertet wurde.

Einschätzung: Es war zu erwarten, dass die meisten Leute den Platz nicht unangenehm finden, da die Gestaltung nicht als provokativ verstanden werden kann und nicht sehr von den allgemeinen Erwartungen an einen Stadtplatz abweicht.

Auswertung: Tatsächlich ist es so, dass die meisten Befragten diese Frage positiv beantwortet haben. 5 finden den Platz sehr angenehm, 12 angenehm, 18 weder angenehm noch unangenehm und 7 teilen sich auf die unangenehmen Bewertungen auf. Damit lässt sich zusammenfassend sagen, dass sich 33 von 40 Befragten positiv bzw. neutral zu dieser Frage geäußert haben.

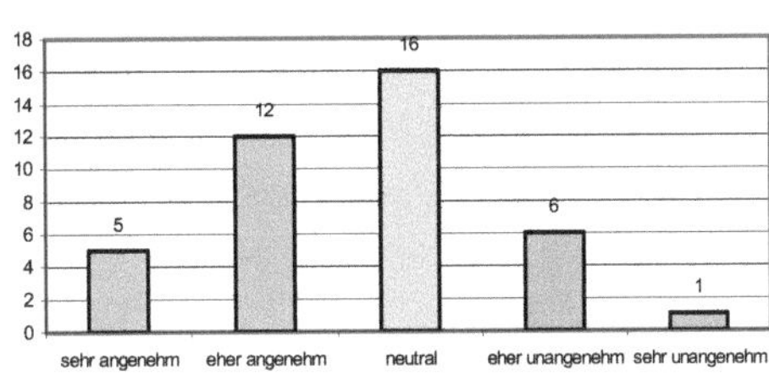

Abb.14 : Auswertung Frage 1

Frage 2: Nennen Sie ein paar Eigenschaften des Platzes, die Ihnen gut/ weniger gut gefallen.

Einschätzung: An positiven Nennungen waren das Grün, die Sauberkeit und die vorhandenen Sitzmöbel zu erwarten, da dies Dinge waren, die sich die Bürger bei der Aktion PLATZDA! gewünscht hatten. Negative Nennungen würden Straßenlärm und eine zu moderne Gestaltung sein, denn den Straßenlärm auf dieser verhältnismäßig kleinen Verkehrsinsel zu vermeiden, war auch durch die neue Gestaltung nicht möglich.

Auswertung:

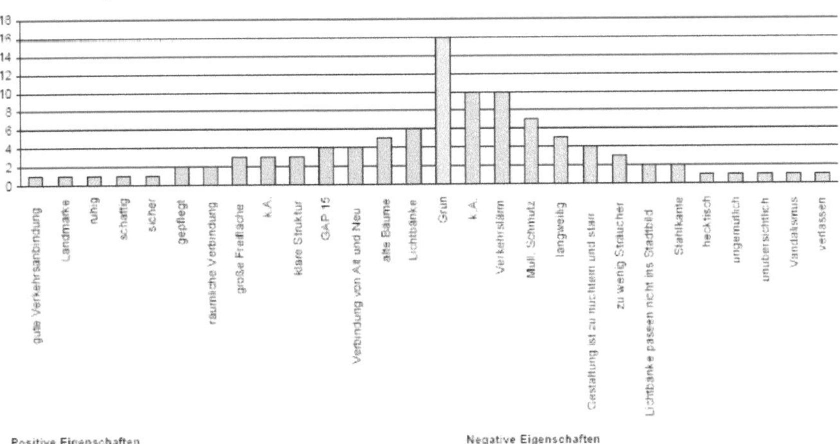

Abb. 15: Auswertung Frage 2

Es wurden sehr viele verschiedene sowohl positive als auch negative Eigenschaften genannt. Jedoch gab es 5 Positivnennungen mehr als Negativnennungen.

Wie erwartet wurde das Grün mit 16 Nennungen am positivsten bewertet. Danach kommen mit 6 Nennungen die Lichtbänke. Diese wurden jedoch wahrscheinlich meistens nicht wegen ihrer Funktion als Sitzgelegenheiten sondern wegen ihrer Leuchtwirkung genannt, da manche Leute sich sogar beschwert haben, die Bänke seien zu unbequem (s. Frage 7). Speziell zu Sitzgelegenheiten hat sich niemand positiv oder negativ geäußert. Die erwartete Nennung von Sauberkeit fehlt bei den positiven Eigenschaften ganz. Stattdessen kommt sie bei den negativen Eigenschaften mit 7 Stimmen schon an dritter Stelle. Obwohl der Park durch seine Struktur einfach zu pflegen wäre, wird dies nicht getan. Es gibt zu wenig Mülleimer, die nicht häufig genug geleert werden. Diese Tatsache stört die Leute offensichtlich sehr. Der Verkehrslärm stellt ebenfalls eine große Störquelle dar und wird mit 10 Nennungen als sehr negativ empfunden. Die nachfolgenden Negativnennungen beziehen sich wie erwartet alle auf die moderne Gestaltung. Sie wird als langweilig, nüchtern und starr beschrieben. Die fehlenden Sträucher und die Stahlkante werden negativ bewertet und der Platz wird als ungemütlich und unübersichtlich wahrgenommen. Insgesamt bekommt die Gestaltung damit 18 Negativnennungen.

Im Gegenzug werden jedoch auch 30 Positivnennungen zur Gestaltung gemacht. Die historische und räumlich Verbindung finden einige Leute gelungen. Auch die Einbeziehung der alten Bäume und die klare Struktur der Gestaltung wird von Manchen positiv wahrgenommen.

Demnach kann man davon ausgehen, dass die meisten Leute die Gestaltung eher positiv bewerten würden.

Frage 3: Finden Sie den Platz schön und einladend?

Einschätzung: Durch die Offenheit und die freundlich gefärbten Wege und leuchtenden Bänke wirkt der Platz sehr einladend. Es gibt keine unübersichtlichen Nischen, so dass der Aufenthalt auf dem Platz sicher ist und die Bänke laden zum Ausruhen ein.

Auswertung: Die Antworten auf diese Frage waren sehr ausgewogen. 33 Antworten bewegen sich zwischen „schön" und „weniger schön", drei haben mit „sehr schön" geantwortet und vier mit „überhaupt nicht schön". Daraus lässt sich im Prinzip

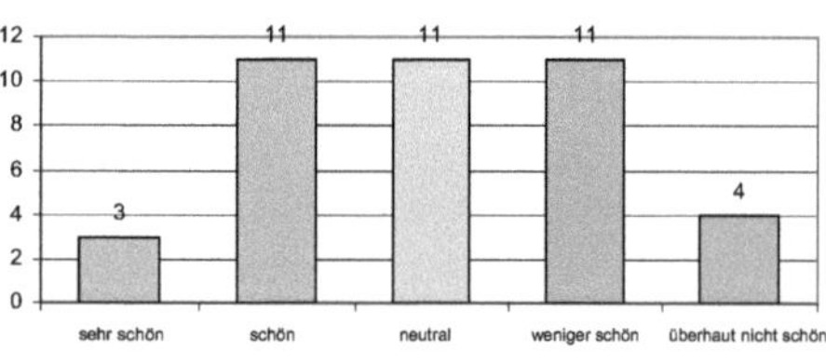

Abb. 16: Auswertung Frage 3

nur ableiten, dass die Geschmäcker sehr unterschiedlich sind. Eine Tendenz lässt sich jedoch nicht ablesen. Im Vergleich mit den Ergebnissen der Auswertung von Frage 1 kann man zumindest sagen, dass „schön" und „angenehm" offenbar nicht das Gleiche sind.

Frage 4: Wirkt sich die Stahleinfassung Ihrer Meinung nach eher positiv oder eher negativ auf das Erscheinungsbild des Parks aus?

Einschätzung: Das Stahlband hebt die Grünflächen von den Wegen ab. Dies soll den Park wie auf einer Bühne erscheinen lassen. Mit dieser Frage soll herausgefunden werden, ob die Bevölkerung diese Inszenierung wahrnimmt und versteht.

Auswertung: ¾ der Befragten bewerten die Wirkung der Stahleinfassung auf den Park positiv oder neutral. Nur ein Viertel scheint die Gestaltungsabsicht nicht zu erkennen.

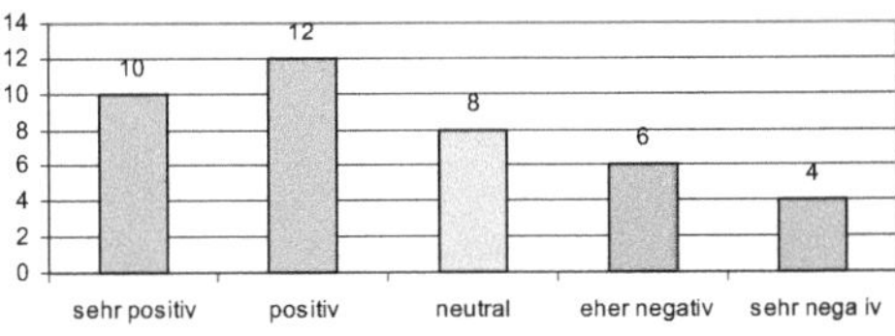

Abb. 17: Auswertung Frage 4

Frage 5: Warum sind Sie hier?

Die Antworten auf diese Frage wurden von dem Fragenden in die drei Kategorien „Ausflugsziel", „Einkaufspause" und „Durchreise" eingeordnet. Mit dieser Frage sollte herausgefunden werden, wozu der Platz am Häufigsten genutzt wird.

Einschätzung: Es wurde vermutet, dass der Platz hauptsächlich als Ort für kleine Pausen während des Einkaufens oder Arbeitens in der Innenstadt oder als Durchgangsort genutzt wird.

Auswertung: Die Einschätzung hat sich bei der Befragung als richtig herausgestellt. Diese Aussage kann jedoch nicht verallgemeinert werden, da das Wetter wie bereits erwähnt nicht sehr gut war. Ein Gespräch mit einem der Befragten hat ergeben, dass sich an Tagen mit schönem Wetter, sehr viel mehr Leute auf dem Platz aufhalten. Bei

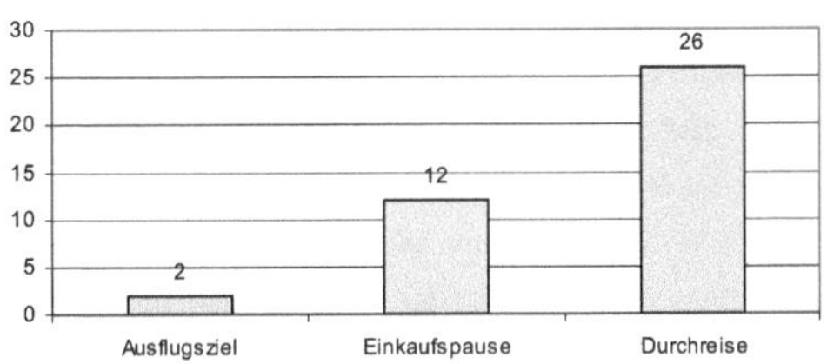

Abb. 18: Auswertung Frage 5

diesen Leuten ist auch nicht auszuschließen, dass sie den Platz eigens für den Aufenthalt auf ihm aufsuchen.

Frage 6: Welche Bedeutung für Ihren Aufenthalt hat:

- **Natur/ Grün**
- **Ruhe**
- **wohltuende Weite (im Gegensatz zur Stadt)**
- **Lebendigkeit des Ortes**
- **kürzliche Umgestaltung**

Diese Frage wurde nur den Befragten gestellt, deren Antworten auf Frage 5 in die Kategorien „Ausflugsziel" und „Einkaufspause" eingeordnet wurden. Daher wurde sie nur von ca. 1/3 der Befragten beantwortet.

Einschätzung: Es wurde erwartet, dass die Natur eine große Bedeutung hat, da sich der Platz mitten in der Stadt befindet und Grünflächen dort nicht so häufig sind. Die Ruhe spielt wahrscheinlich eine untergeordnete Rolle, weil der Ort in unmittelbarer Nähe zur Straße liegt und daher nicht als ruhig bezeichnet werden kann. Die Weite als Gegensatz zur Stadt wird höchstwahrscheinlich nicht bewusst wahrgenommen und daher eher untergeordnet bewertet. Die Lebendigkeit und kürzliche Umgestaltung werden als sehr bedeutend angenommen, da dies ein Grund sein könnte, den Platz zu besichtigen.

Auswertung:

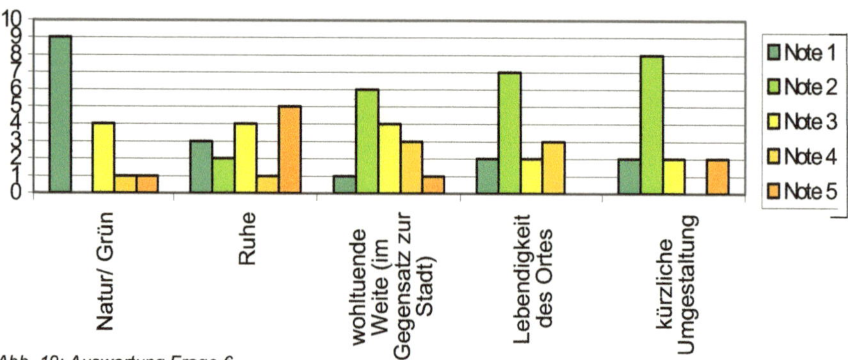

Abb. 19: Auswertung Frage 6

Tatsächlich hat das Grün die größte Bedeutung für die Besucher, während die Ruhe nur wenige positive, stattdessen aber einige negative Nennungen bekommen hat. Auf Nachfrage fanden die meisten Leute auch die Weite wichtig für ihren Aufenthalt. Die kürzliche Umgestaltung und die Lebendigkeit des Ortes kommen mit ihren Positivnennungen direkt nach dem Grün und haben somit eine wichtige Bedeutung für den Aufenthalt auf dem Graf-Adolf-Platz.

Frage 7: Halten Sie sich häufig hier auf?

Wenn nein: Warum nicht?

Die Antworten wurden von dem Fragenden in die Kategorien „ja" und „nein" aufgeteilt. Häufig war in diesem Fall als ein Mal in 14 Tagen definiert.

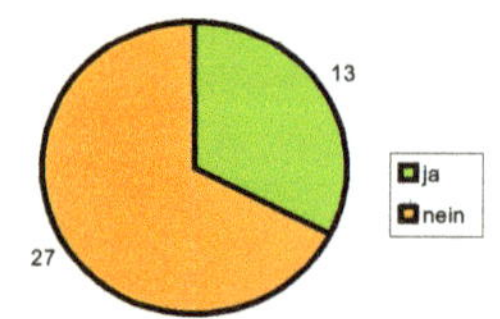

Einschätzung: Die meisten Leute halten sich wahrscheinlich nicht häufig auf dem Graf-Adolf-Platz auf, weil er nicht in der Nähe von Wohngebieten liegt und daher meistens eher zufällig aufgesucht wird oder eben als Durchgangsort genutzt wird.

Auswertung: Von den 40 befragten Personen halten sich nur 13 „häufig" auf dem Platz auf. Dafür gibt es viele verschiedne Gründe. Einer der häufigsten Gründe ist, dass die Leute nicht in Düsseldorf wohnen oder der Platz meistens einfach nicht auf ihrem Weg liegt.

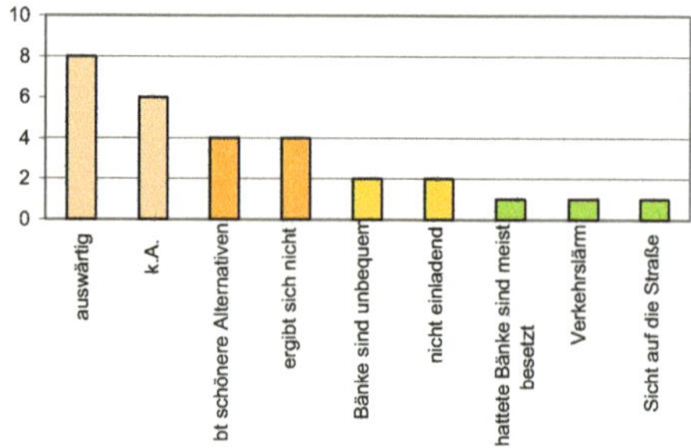

Abb. 20: Auswertung Frage 7

Ein weiterer genannter Grund war, dass es in Düsseldorf viele schönere Alternativen gibt, wenn man einen grünen, ruhigen Ausflugsort besuchen möchte. Die Lichtbänke wurden dahingehend kritisiert, entweder dass sie unbequem seien und daher nicht genutzt werden oder dass die schattigen Stellen bereits besetzt seien was ebenfalls dazu führt, dass sie von den betreffenden Personen nicht genutzt werden.

Der letzte Punkt spricht allerdings wiederum dafür, dass der Platz bei schönem Wetter gut besucht ist.

Frage 8: Der Graf-Adolf-Platz stellte im frühen 19. Jahrhundert die südliche Stadtgrenze Düsseldorfs dar.

Um diese Stadtgrenze wieder erlebbar zu machen, soll auf dem südlichen Platzteil eine durchgehende Baumreihe gepflanzt und in Kastenform geschnitten werden. Wie finden Sie diese Gestaltungsidee?

Einschätzung: Es wurde erwartet, dass diese Idee gut aufgenommen wird, da viele Menschen die Sichtbarmachung von Geschichte willkommen heißen.

Auswertung: Wie erwartet haben über die Hälfte der Leute die Idee positiv bewertet. Es gab nur einen, der die Idee überhaupt nicht gut fand. Aus verschiedenen Gesprächen mit den Befragten ging jedoch auch hervor, dass sie bezweifeln, ob den Menschen der Zweck der Gestaltung bewusst wird, wenn er nicht zusätzlich über entsprechende Stelltafeln, Plaketten oder die Presse kommuniziert wird.

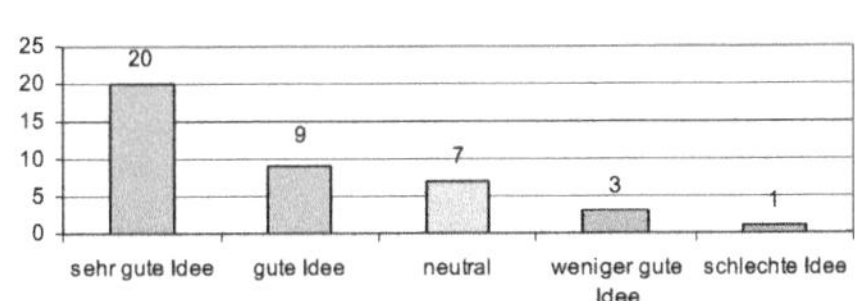

Abb. 21: Auswertung Frage 8

Frage 9: „Die Gestaltung des Platzes stellt eine gelungene Verbindung von Kö-Graben und Schwanenspiegel dar." Würden Sie dieser These zustimmen?

Wenn ja: Welche Gestaltungselemente tragen Ihrer Meinung nach hauptsächlich dazu bei?

Mit dieser Frage sollte herausgefunden werden, ob die Landschaftsarchitekten mit ihrer Gestaltung das städtebauliche Ziel erreicht haben.

Einschätzung: Es wurde davon ausgegangen, dass die meisten Leute diese Verbindung gelungen finden, da der Platz durch die diagonalen Wege und die Lichtbänke, die die richtungsweisende Wirkung noch verstärken, zumindest die Fußgänger-ströme sehr zielgerichtet von der einen zur anderen Destination leitet.

Auswertung: Erstaunlicherweise nahm nur weniger als die Hälfte der Befragten diese Verbindung als gelungen wahr. Die Gründe dafür waren hauptsächlich, dass die Gestaltung des Platzes ganz anders ist als die der angrenzenden Freiräume. Nur die Grünflächen als gemeinsames Gestaltungselement scheinen nicht auszureichen.

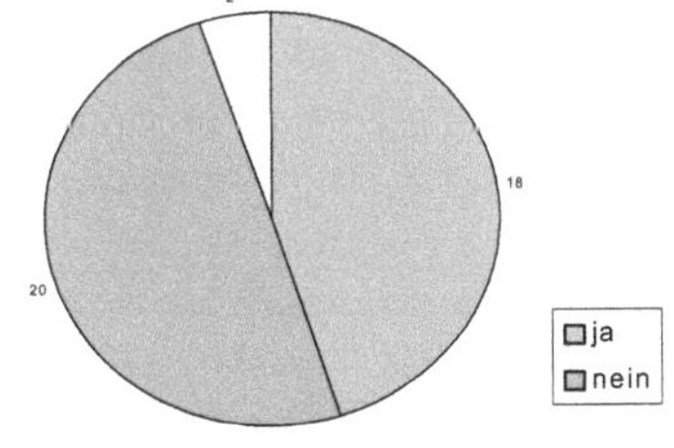

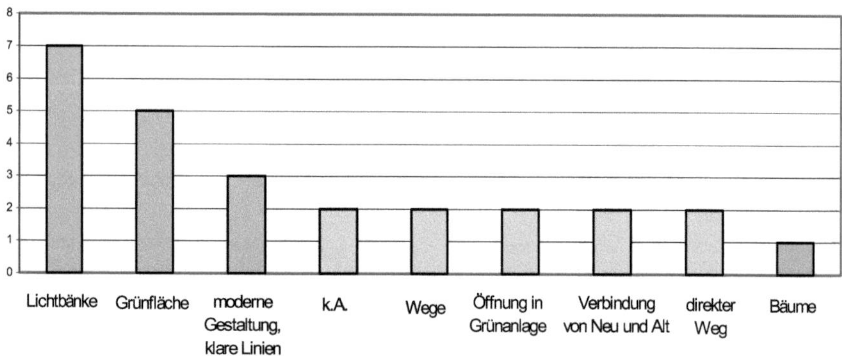

Abb. 22: Auswertung Frage 9

Auf die Frage, welche Gestaltungselemente hauptsächlich zu der Verbindung beitragen, wurden verschiedene Antworten gegeben. Zu erwarten gewesen wären die Lichtbänke, die richtungsweisenden Wege und die Grünflächen. Tatsächlich wurden die Lichtbänke mit sieben Nennungen am häufigsten genannt. Auch die moderne Gestaltung mit den klar strukturierten Formen und geraden Wegen wurde insgesamt sieben Mal genannt. Offenbar erfüllt der Platz also seine räumliche Verbindungsfunktion. Dies spiegelt sich auch in der Beobachtung wider, dass der Platz selbst bei schlechtem Wetter innerhalb von 2 Stunden von etwa 150 Menschen überquert wird. An dritter Stelle wurde die Grünfläche genannt.

Frage 10: Wie gefällt Ihnen die Form der Bänke?

Einschätzung: Da die Bänke eine sehr moderne Form haben, war es zu erwarten, dass vor allem die ältere Bevölkerung sich nicht von ihnen angesprochen fühlt.

Auswertung: Die Meinungen gingen bei dieser Frage sehr stark auseinander. Insgesamt betrachtet wurden die Bänke mehr oder weniger neutral bewertet. 17 Befragte bewerteten sie positiv, 13 negativ und sechs neutral. Hier wurde vor allem von den älteren Leuten gesagt, dass sie nicht auf

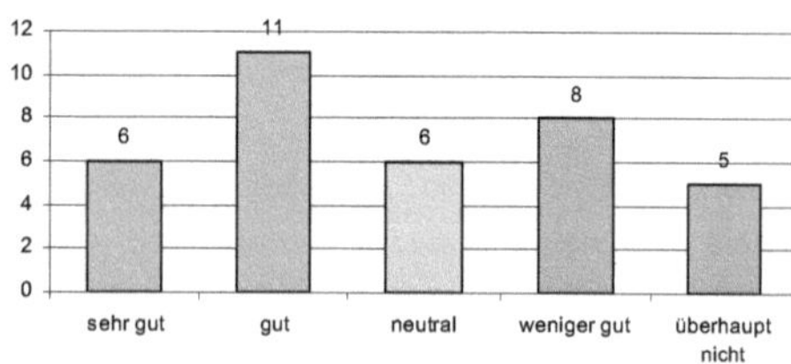

Abb. 23: Auswertung Frage 10

den Bänken sitzen könnten, weil sie keine Lehne haben, oft nass und schmutzig sind und teilweise auch von Skateboard Fahrern zerstört werden. Einigen Leuten war vor der Befragung gar nicht bewusst, dass es sich bei den Leuchtkörpern überhaupt um Sitzgelegenheiten handelt.

Das Gefallen der Bänke hängt für viele Leute offenbar unmittelbar mit ihrer Nutzbarkeit zusammen.

Frage 11: Im Dunkeln bilden die Lichtbänke das Hauptverbindungselement zwischen Kö-Graben und Schwanenspiegel. Finden Sie, dass sie diese Funktion tagsüber auch erfüllen?

Einschätzung: Tagsüber sind die Bänke durch ihre helle Farbe recht unscheinbar, zumindest wenn der Park aus der Ferne betrachtet wird. Für Autofahrer sind sie nur nachts wahrnehmbar.

Auswertung: Fast zwei Drittel der Befragten waren der Meinung, dass die Bänke tagsüber keine Verbindungsfunktion erfüllen. Das liegt zu einem großen Teil auch daran, dass die Hälfte der Befragten die angesprochene Verbindung nicht gelungen finden (s. Frage 9). Mit zwölf Nennungen wurde die Unscheinbarkeit als Negativnennung am häufigsten genannt. Die nachfolgenden Nennungen weisen darauf hin, dass generell nicht die Bänke sondern eher die Wege die Verbindung ausmachen.

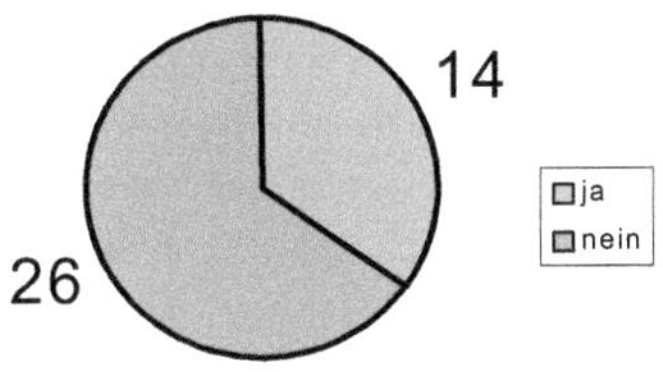

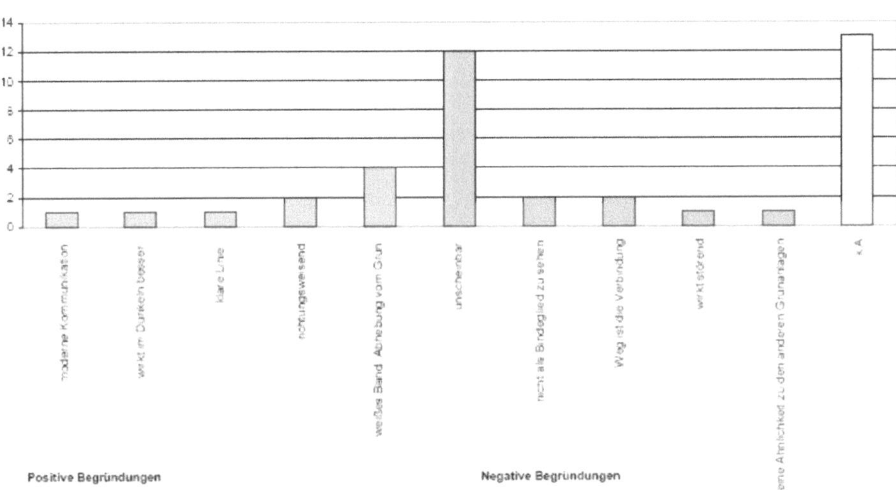

Abb. 24: Auswertung Frage 11

14 Leute fanden die Verbindung durch die Bänke auch tagsüber gelungen. Dies wurde hauptsächlich damit begründet, dass sie ein weißes Band bilden, dass sich deutlich von den Grünflächen abhebt. Auch die richtungsweisende, klare Linie wirkt für diese Leute auch im Hellen verbindend. Man gibt jedoch zu, dass die Funktion im Dunkeln sehr viel besser zur Geltung kommt.

Bei dieser Frage haben sich 13 Leute einer Antwort enthalten. Dieses Verhalten lässt sich wiederum mit den Antworten in Frage 9 erklären, bei der 50 % der Befragten geantwortet haben, dass sie *nicht* finden, der Park stelle eine gelungene Verbindung dar.

Frage 12: Von der Stadt Düsseldorf gibt es die Aktion „PLATZDA!", die sich mit der Umgestaltung der Düsseldorfer Plätze beschäftigt. Haben Sie schon mal davon gehört?

Wenn ja: Haben Sie an der Bürgerbeteiligung zum Graf-Adolf-Platz teilgenommen?

Wenn ja: Wurden Ihre Wünsche und Anregungen in der Umgestaltung des Platzes berücksichtigt?

Einschätzung: Die Aktion ist häufig in der Presse genannt worden, so dass man davon ausgehen kann, dass sie viele Düsseldorfer kennen. Da der Platz jedoch mitten in der Stadt liegt, gibt es keine direkten Anwohner, sondern es kommen viele verschiedene Personen auf den Platz. Daher ist davon auszugehen, dass nur sehr wenige der Befragten tatsächlich an der Bürgerbeteiligung teilgenommen haben. Mit der letzten Frage sollte herausgefunden werden, wie wichtig den Landschaftsarchitekten die Berücksichtigung der Bürgerwünsche bei der Gestaltung war.

Auswertung: Es kannte nur ein sehr kleiner Teil der Befragten die Aktion. Dies resultiert vermutlich daraus, dass viele der Befragten nicht in Düsseldorf wohnen. Desto erstaunlicher ist es, dass bei einer Anzahl von 40 Befragten überhaupt jemand an der Aktion teilgenommen hat. Wenn man dieses Ergebnis verallgemeinert, müsste man von einer 10%tigen Beteiligung *der* Leute reden, die die Aktion kannten. Da eine Anzahl von 40 Befragten jedoch längst nicht repräsentativ und verallgemeinerbar ist, kann man eher davon ausgehen, dass wir bei der Befragung besonderes Glück hatten, dass die eine teilnehmende Person gerade an diesem Tag über den Platz kam.

Die Wünsche dieser einen Person wurden nach eigener Aussage nicht umgesetzt. Diese Tatsache sagt aber leider nichts über die Einstellung der Landschaftsarchitekten zu diesem Thema aus, da nicht bekannt ist, welche Wünsche der jenige geäußert hat. Es wäre möglich, dass er sehr persönliche und nicht verallgemeinerbare oder nicht umsetzbare Wünsche angegeben hat.

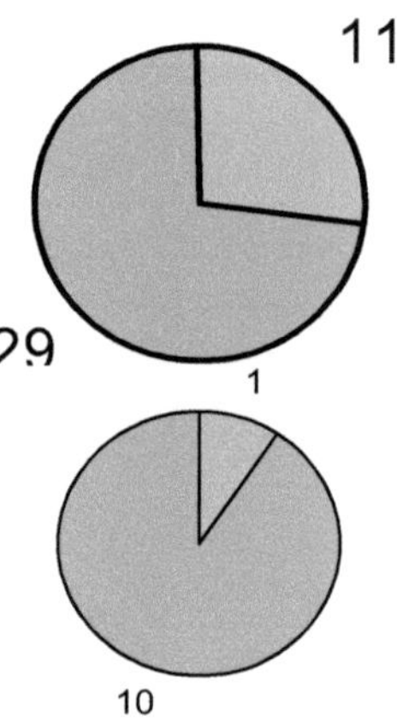

Abb. 25: Auswertung Frage 12

Frage 13: Wie alt sind Sie?

Zu dieser Frage wurden den Befragten vier Kategorien genannt, in die sie sich selbst einordnen konnten. Diese Form der Antwort wurde gewählt, um die Privatsphäre der Teilnehmer zu wahren.

Auswertung: Die Verteilung ist relativ gleichmäßig, wobei auffallend wenig junge Leute unter 20 befragt wurden. Es ist zu vermuten, dass hauptsächlich Leute im erwerbsfähigen Alter zwischen 20 und 60 befragt wurden, da die Befragung an einem verkaufsoffenen Samstag Nachmittag stattgefunden hat.

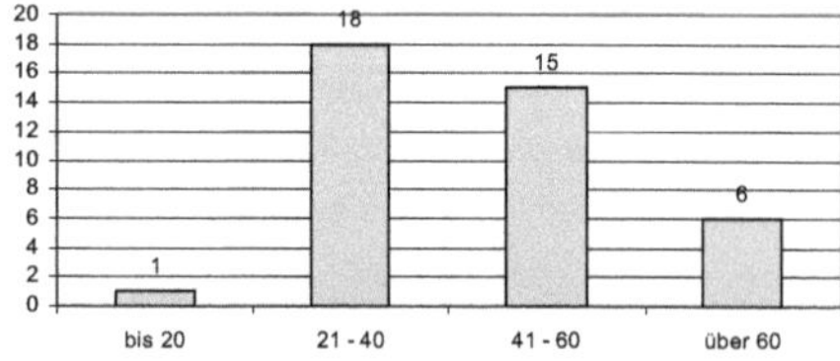

Abb. 26: Auswertung Frage 13

Frage 14: Männlich/ weiblich

Obwohl die Teilnehmer durch Zufallsstichproben ausgewählt worden sind, wurden genau 20 Männer und 20 Frauen befragt. Das führt zu einer guten Repräsentation der Meinungen beider Geschlechter.

6. Fazit

Die Umfrage lässt keine eindeutige Tendenz zur Akzeptanz der Gestaltung erkennen. Meine ursprüngliche Einschätzung hat sich jedoch als relativ zutreffend herausgestellt:

Die Gestaltung wird geduldet. Sie ist zwar modern, weicht aber nicht zu sehr vom allgemeinen Bild eines Parks ab. Man hält sich dort eher selten auf, weil es schönere Grünanlagen in Düsseldorf und in direkter Umgebung gibt. Wenn der Platz aber auf dem Weg liegt, nutzt man die Bänke gerne zum Ausruhen. Die Atmosphäre ist vor allem abends recht angenehm durch die nahe Gastronomie und das interessante Lichtkonzept.

Nun stellt sich die Frage, ob die Gestaltung eines öffentlich genutzten Platzes mit einer durchschnittlichen rezeptionsästhetischen Bewertung von schwach über Drei[2] als „nicht gelungen" betrachtet werden muss, weil dann das Wohlbefinden *aller* Nutzer nicht garantiert werden kann, oder ob eine moderne, innovative Gestaltung, die nicht schlechter als Drei bewertet wird, eine gelungene Umsetzung „Neuer Landschaftsarchitektur" ist.

Es ist sehr schwierig, in der Landschaftsarchitektur neue Ideen umzusetzen, ohne auf heftigen Protest der Bevölkerung zu treffen. Freiräume verändern sich nur langsam, weil sie von der allmählichen Entwicklung der Pflanzen leben. Sie verändern sich nicht alle paar Jahre, sie gehen nicht mit der Mode. Dadurch ist eine moderne Platzgestaltung eine abrupte Neuheit, der gegenüber viele Menschen nicht aufgeschlossen sind und sich manchmal sogar stark dagegen wehren.

Vor diesem Hintergrund kann man feststellen, dass die Gestaltung des Graf-Adolf-Platzes offenbar kein werkästhetisches Konstrukt ist, das die Geschmäcker seines Publikums missachtet. Die Gestaltung hält sich nicht durchgehend an das rezeptionsästhetisch Gewünschte, sondern versucht, moderne Aspekte einfließen zu lassen, dies jedoch ohne das Publikum unnötig abzuschrecken.

---

[2] Diese Bewertung ist nicht im Sinne von Schulnoten zu verstehen, da die Werte von 1-5 in diesem Fall gleichmäßiger über das gesamte Bewertungsspektrum verteilt sind.

7. Quellenverzeichnis

7.1 Literaturverzeichnis

AMT FÜR KOMMUNIKATION DÜSELDORF (Hrsg.), 2005: Der Graf-Adolf-Platz wurde herausgeputzt. Lichtbänke und neugestaltete Grünfläche im Zusammenhang mit dem Bau von GAP 15. Düsseldorf, Stand 07-06-20, https://www.duesseldorf.de/presse/pld/d2005/d2005_11/d2005_11_25/p19095.shtml

GESCHICHTSWERKSTATT DÜSSELDORF (Hrsg.), 2004: Graf-Adolf-Straße. Graf-Adolf-Straße und Graf-Adolf-Platz. Düsseldorf, Stand 07-06-20, http://www.geschichtswerkstatt-duesseldorf.de/historischestextepublikationen/strassennamen/50410595d30f7ba17.html

KOLKAU, A., 2007: Graf-Adolf Platz, Düsseldorf. Garten + Landschaft 2007 (1): 11-14

RP-ONLINE (Hrsg.), 2007: 4. Platzda!-Sommerprogramm – Lichtmikado am GAP 15. Düsseldorf, Stand 07-06-21, http://www.rp-online.de/public/article/aktuelles/334488

STADTARCHIV DÜSSELDORF (Hrsg.): Der Graf-Adolf-Platz. Düsseldorf, Stand 07-06-20, http://www.duesseldorf.de/stadtarchiv/stadtgeschichte/gestern_heute/StadtgeschichteBildteil/thumbs/111-1_t.jpg&imgrefurl=http://www.duesseldorf.de/stadtarchiv/stadtgeschichte/gestern_heute/StadtgeschichteBildteil

STADTPLANUNGSAMT DÜSSELDORF (Hrsg.): Graf-Adolf-Platz. Düsseldorf, Stand 07-06-21, http://www.duesseldorf.de/planung/stadterneu/platzdaneu/plaetze/grafadolfplatz/index.shtml

STADTPLANUNGSAMT DÜSSELDORF (Hrsg.), 2003a: Begründung gem. § 9 (8) BauGB zum Bebauungsplan Nr. 5476/113 – Graf Adolf Platz – Stadtbezirke 1 und 3 Stadtteile Karlstadt und Friedrichstadt. Düsseldorf, Stand 07-06-21, http://www.duesseldorf.de/pvrat/vorlagen/61-133-2003.pdf

STADTPLANUNGSAMT DÜSSELDORF (Hrsg.), 2003b: Erläuterungsbericht zur 107. Änderung des Flächennutzungsplans (Entwurf) – Graf Adolf Platz. Düsseldorf, Stand 07-06-20, http://www.duesseldorf.de/planung/bauleit/zusammen/fnp_107/efnp_107.pdf

STADTPLANUNGSAMT DÜSSELDORF (Hrsg.), 2005: Stadtplanungsamt Geschäftsbericht 2004. Düsseldorf, Stand 07-06-21, http://www.duesseldorf.de/planung/veroeffentlichungen/geschber-2005b.pdf

TESSIN, W., 2006: Zwischen Werk- und Rezeptionsästhetik. Stadt + Grün, 55. Jg., (2): 29-34

7.2 Abbildungsverzeichnis

Abbildung 1: *Lage des Graf-Adolf-Platzes*

Quelle: http://www.goyellow.de/map/40213-duesseldorf/graf-adolf-platz-15/

Abbildung 2: *Stadtkarte Graf-Adolf-Platz*

Quelle: http://www.goyellow.de/map/40213-duesseldorf/graf-adolf-platz-15/

Abbildungen 3 u. 4: *Die Ballwerferin 1902 und heute*

Quelle: http://www.heimatsammlung.de/topo_unter/40/duesseldorf_94.jpg,

http://www.mehrzweckbeutel.de/staubsauger/images/beutelbilder/Ballwerferin.jpg

Abbildung 5: *Der Graf-Adolf-Platz 1910*

Quelle: http://www.geschichtswerkstatt-duesseldorf.de/bildergalerie_hist.htm

Abbildung 6: *Zerstörung 1945*

Quelle: http://kriegsende.ard.de/pages_magnifier/0,3273,OID1136724_CON11-

36754_POS2,00.html

Abbildung 7: *Kö-Graben*

Quelle: http://www.cinema-bleu.de/D_KoegrabenIllumin02_240h02.jpg

Abbildung 8: *Schwanenspiegel*

Quelle: http://www.wissen.de/wde/generator/substanzen/bilder/Ressorts/Reisen/D~-

C3~Bcsseldorf/schwanenspiegel_dusseldorf_100627143,property%3Dthumbnail.jpg

Abbildung 9: *GAP 15 Hochhaus*

Quelle: http://www.schuessler-plan.de/images/hb_gap_15.jpg

Abbildung 10: *Steinsessel*

Quelle: http://www.wesup.de/img/gap15uUmfeld/piktogramme/thumbs/thumb2.jpg

Abbildung 11: *Der Park bei Nacht*

Eigene Fotografie

Abbildung 12: *Lichtmikado*

Quelle: http://www.wesup.de/download/ArchitektenProflle_WES2.pdf

Abbildung 13: *Stahlkante*

Quelle: http://www.rp-online.de/public/article/aktuelles/334488

Abbildung 14 – 26: *Auswertung Frage 1 - 13*

Eigene Diagramme

8. Anhang: Fragebogen

Befragung zur Umgestaltung des Graf-Adolf Platzes   Datum:

Einige Fragen verlangen eine Bewertung auf einer Skala von 1-5. Ich bitte Sie, nicht immer nur die Mitte zu nehmen, sondern alle Antwortmöglichkeiten zu nutzen.

1. Wie gefällt Ihnen der Graf-Adolf Platz? Empfinden Sie ihn eher als angenehm oder eher als unangenehm?
   (1=sehr angenehm, 5=sehr unangenehm)

2. Nennen Sie ein paar Eigenschaften des Platzes, die Ihnen gut/ weniger gut gefallen.
   positiv:

   negativ:

3. Finden Sie den Platz schön und einladend?
   (1=sehr schön und einladend, 5=überhaupt nicht schön und einladend)

4. Wirkt sich die Stahleinfassung Ihrer Meinung nach eher positiv oder eher negativ auf das Erscheinungsbild des Parks aus?
   (1=sehr positiv, 5=sehr negativ)

5. Warum sind Sie hier?

Ausflugsziel   Einkaufspause   Durchreise (Frage 6 fällt weg)

6. Welche Bedeutung für Ihren Aufenthalt hat:
   (1= sehr hohe Bedeutung, 5=keine Bedeutung)
   - Natur/ Grün
   - Ruhe
   - wohltuende Weite (im Gegensatz zur Stadt)
   - Lebendigkeit des Ortes
   - kürzliche Umgestaltung

7. Halten Sie sich häufig hier auf?
   ja   *nein*
   Wenn nein: Warum nicht?

8. Der Graf-Adolf Platz stellte im frühen 19. Jahrhundert die südliche Stadtgrenze Düsseldorfs dar. Um diese Stadtgrenze wieder erlebbar zu machen, soll auf dem südlichen Platzteil eine durchgehende Baumreihe gepflanzt und in Kastenform geschnitten werden. Wie finden Sie diese Gestaltungsidee?
   (1=sehr gut, 5=überhaupt nicht gut)

9. „Die Gestaltung des Platzes stellt eine gelungene Verbindung von Kö-Graben und Schwanenspiegel dar." Würden Sie dieser These zustimmen?

   ja   *nein*

   Wenn ja: Welche Gestaltungselemente tragen Ihrer Meinung nach hauptsächlich dazu bei?

10. Wie gefällt Ihnen die Form der Bänke?
    (1=sehr gut, 5=überhaupt nicht)

11. Im Dunkeln bilden die Lichtbänke das Hauptverbindungselement zwischen Kö-Graben und Schwanenspiegel.
Finden Sie, dass sie diese Funktion tagsüber auch erfüllen?

  ja   *nein*

  Begründung:

12. Von der Stadt Düsseldorf gibt es die Aktion *„platzda!"*, die sich mit der Umgestaltung der Düsseldorfer Plätze beschäftigt. Haben Sie schon mal davon gehört?

  ja   *nein*

  <u>Wenn ja</u>: Haben Sie an der Bürgerbeteiligung zum Graf-Adolf Platz teilgenommen?

    ja   *nein*

  <u>Wenn ja</u>: Wurden Ihre Wünsche und Anregungen in der Umgestaltung des Platzes berücksichtigt?

    ja   *nein*

13. Wie alt sind Sie?

  unter 20   *21-40*   *41-60*   *über 60*

14. Männlich/ weiblich